科学の
アルバム
かがやく
いのち

ダンゴムシ

――落ち葉の下の生き物――

皆越ようせい

監修／岡島秀治

あかね書房

科学のアルバム かがやくいのち ダンゴムシ 落ち葉の下の生き物 もくじ

第1章 落ち葉の下には ——— 4
- ダンゴムシがいた！ ——— 6
- あつまってくらすよ ——— 8
- 丸くなって身を守る ——— 10
- きけんが去ると…… ——— 12
- それでもきけんはいっぱい ——— 14

第2章 ダンゴムシと土 ——— 16
- ダンゴムシの食べ物は ——— 18
- みんな、ふんにしてしまう ——— 20
- ミミズもシロアリもふんをする ——— 22
- とても小さい虫も…… ——— 24

第3章 ダンゴムシの一生 ——— 26
- 卵はどこにある？ ——— 28
- 赤ちゃんが出てきた ——— 30
- 大きくなるために…… ——— 32
- 赤ちゃんも丸くなる ——— 34
- 半分ずつからをぬぐ ——— 36
- 白いダンゴムシ ——— 38
- 冬はじっとしている ——— 40
- 春が来た ——— 42

みてみよう・やってみよう —— 44

- ダンゴムシをみつけよう —— 44
- ダンゴムシを飼ってみよう —— 46
- 実験してみよう1 —— 48
- 実験してみよう2 —— 50
- 実験してみよう3 —— 52
- ダンゴムシの体 —— 54

かがやくいのち図鑑 —— 58

- ダンゴムシとそのなかま —— 58
- 丸くなって身を守る動物 —— 60

- さくいん —— 62
- この本で使っていることばの意味 —— 63

皆越ようせい

日本写真家協会会員・日本自然科学写真協会会員。日本土壌動物学会会員。1943年熊本県生まれ。ダンゴムシをはじめ、ダニ、ヤスデ、ミミズなど、土壌動物の生態写真を撮りつづけている。博物館や科学館などでの生態写真の展示や、各地の保育園、幼稚園、小学校から大学、一般に土壌動物についてスライド講演も重ねている。『土の中の小さな生き物ハンドブック』（文一総合出版）『うみのダンゴムシ やまのダンゴムシ』（岩崎書店）など、多数の著書がある。

●

生きていて、つねに動きまわっている小さな生き物の、満足できる写真はなかなか撮れません。ダンゴムシの背面から、体全体（あし7対も入れて）を撮影したのですが、かんたんにみえてたいへんむずかしいことでした。撮れたと思っても撮影後によく確認してみると、2本のあしが、からの下にかくれて写っていなかったり、あしの1本がぶれていたりして、きまった写真がとれません。いろいろと工夫をこらし、今回ようやく撮影することができました。54ページの写真がそれです。
ダンゴムシについて、まだまだ興味がつきることはありません。

岡島秀治

東京農業大学教授・農学部長・農学研究所長。1950年大阪生まれ。東京農業大学大学院農学研究科修了。農学博士。専門は昆虫学で、アザミウマ目の分類や天敵に関する研究を中心に、幅広く昆虫をみつめ、コウチュウ目などにも造詣が深い。100編をこえる学術論文のほか、昆虫に関する図鑑類、解説書や絵本など、啓蒙書を中心に多数の著書・監修書がある。

●

どこにでもいて、だれもが知っている虫。ダンゴムシ。庭や公園のかたすみの、落ち葉がたまったちょっとしめった所に、かならずいる小さな虫。体は、かたいよろいのような皮膚でおおわれ、おどろかすとすぐにまるまってしまう。手でつまむとけっこうかたいし、手のひらにのせると、ころころころがる。まるまることで身を守っているのだ。こんなダンゴムシのおもしろい生態を調べてみよう。でも、ダンゴムシは「ムシ」とはいっても、昆虫とはちがう。どこがちがうのかな？

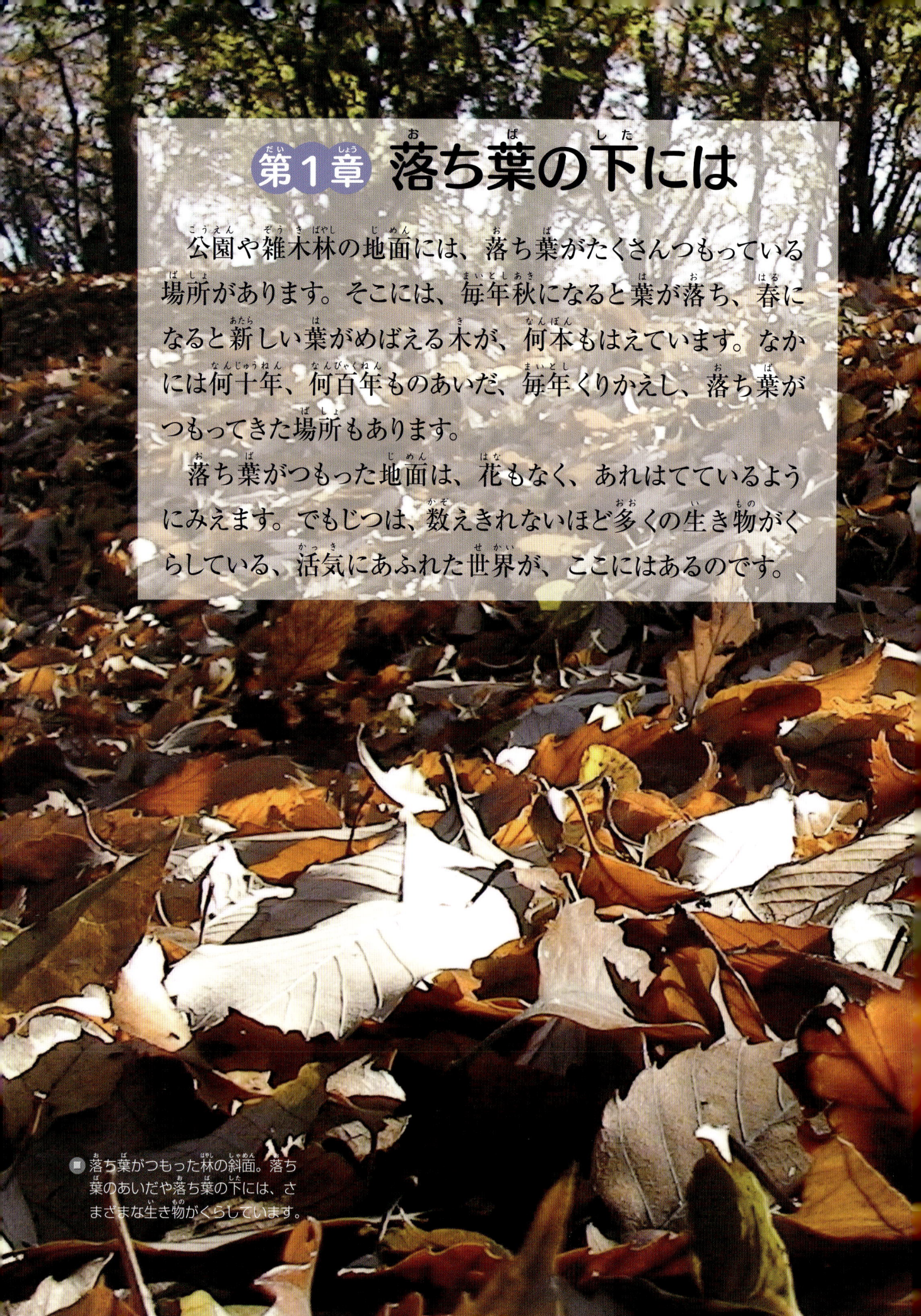

第1章 落ち葉の下には

　公園や雑木林の地面には、落ち葉がたくさんつもっている場所があります。そこには、毎年秋になると葉が落ち、春になると新しい葉がめばえる木が、何本もはえています。なかには何十年、何百年ものあいだ、毎年くりかえし、落ち葉がつもってきた場所もあります。

　落ち葉がつもった地面は、花もなく、あれはてているようにみえます。でもじつは、数えきれないほど多くの生き物がくらしている、活気にあふれた世界が、ここにはあるのです。

■ 落ち葉がつもった林の斜面。落ち葉のあいだや落ち葉の下には、さまざまな生き物がくらしています。

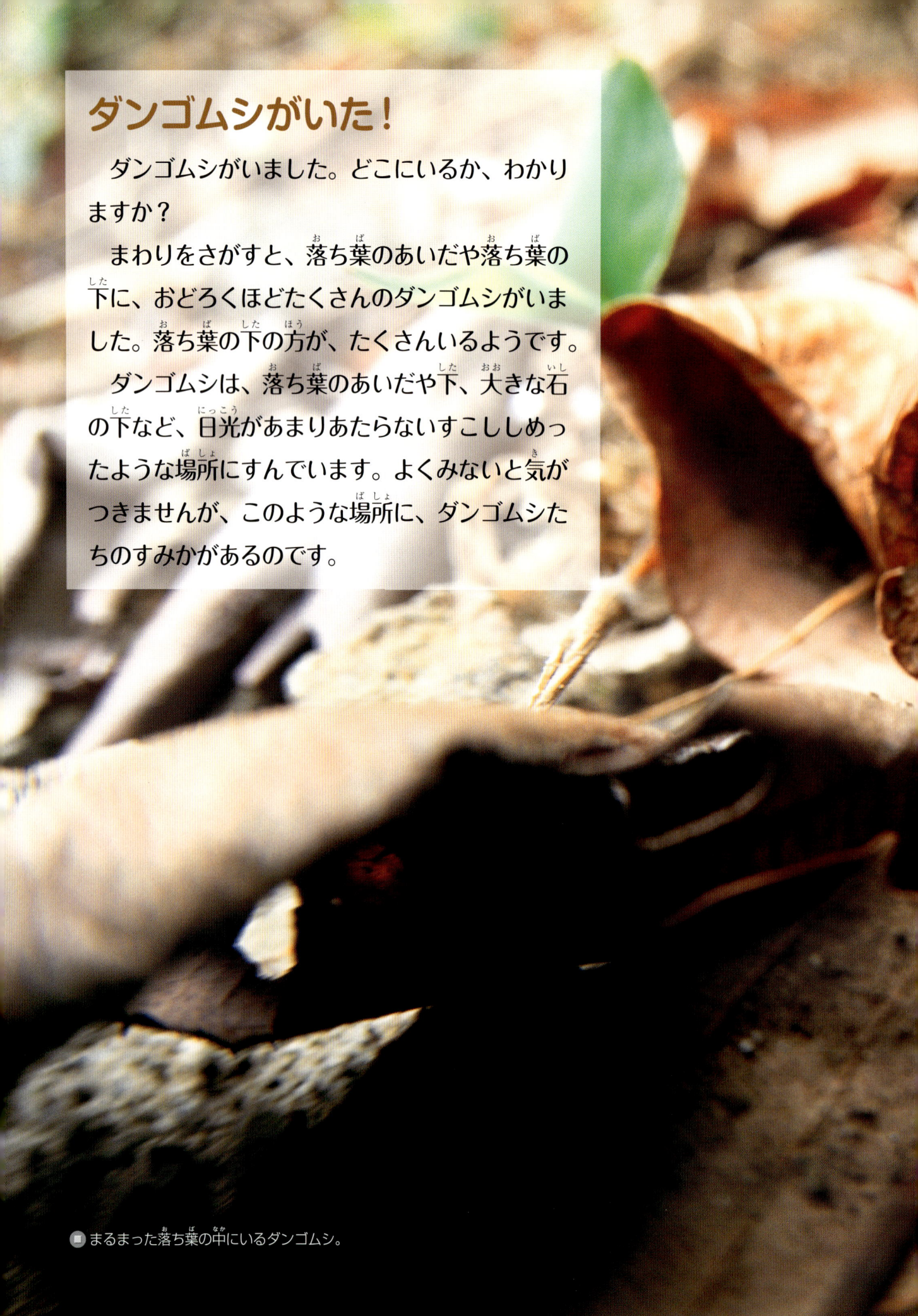

ダンゴムシがいた！

　ダンゴムシがいました。どこにいるか、わかりますか？

　まわりをさがすと、落ち葉のあいだや落ち葉の下に、おどろくほどたくさんのダンゴムシがいました。落ち葉の下の方が、たくさんいるようです。

　ダンゴムシは、落ち葉のあいだや下、大きな石の下など、日光があまりあたらないすこししめったような場所にすんでいます。よくみないと気がつきませんが、このような場所に、ダンゴムシたちのすみかがあるのです。

■ まるまった落ち葉の中にいるダンゴムシ。

あつまってくらすよ

　落ち葉をどかして、さらにダンゴムシをさがしてみました。1ぴきでいる場所もありますが、十数ひきから数十ぴき、かたまってみつかる場所がいくつもあります。いろいろな大きさのダンゴムシがいますね。どうしてダンゴムシたちはあつまっているのでしょう。

　じつはダンゴムシは、なかまをあつめるにおいがするふんをします。このにおいの元は集合フェロモンとよばれるもので、ダンゴムシの胃でつくられ、ふんにまざります。ですから、ふんがたくさんあるほど、ダンゴムシがあつまるのです。

　ただ、何のために集団でくらしているのかは、よくわかっていません。たくさんあつまっている方が、体がかわきにくかったり、食欲がでて成長が早くなるともいわれています。

▲ダンゴムシの集団。道のはしで、イヌかネコのおしっこのにおいがする場所に、あつまっていました。

■ くさりかけた木の下におり重なるようにかたまっているダンゴムシとワラジムシ。

🔺まるまったダンゴムシ。しげきを受けると、体をまるめて身を守ろうとします。また、ねむるときなどにも体をまるめます。

丸くなって身を守る

　あつまっているダンゴムシをよくみると、なかには体をまるめているものもいます。また、まるまっていないものも、つかまえようとさわったり、つついたりすると、体をまるめます。

　体をまるめたダンゴムシは、おだんごのようにまん丸になります。このことから、ダンゴムシという名前がつきました。まるめた体は、どの向きからみても、かたいからにつつまれていて、あしやお腹はみえません。触角も、体の内側にかくしています。

　ダンゴムシは、丸くなることで、やわらかいお腹の部分やあしをからの内側にかくして、敵からこうげきされにくくし、身を守っているのです。

▲横からみると、背中側にあるからの重なりをうまく調整し、丸くなっているのがわかります。

▲前からみると、眼は外側に出ていますが、触角は頭としりの合わせめにかくされています。

きけんが去ると……

丸くなっていたダンゴムシは、きけんが去ったと感じると体をのばして、元のすがたにもどります。体をぎゅっとまるめていた力をゆるめると、まるまっていた体がだんだん元通りになっていきます。

▲きけんを感じているあいだ、ダンゴムシはまるまったすがたのまま、じっとしています。

▲あしを大きくのばし、つめを引っかけて、さかさになっていた体をひっくりかえします。

🔺 きけんが去ったことを感じたダンゴムシは、体の力をゆるめて、元のすがたにもどろうとします。

🔺 体が少し開くと、まずたたんでいた触角をのばし、次にあしをのばします。

🔺 あお向けだったしせいから、元のしせいにもどることができました。

それでもきけんはいっぱい

　丸くなって身を守る方法を身につけているダンゴムシですが、どんなこうげきでもふせげるわけではありません。

　完全に丸くなる前にこうげきされたり、ありじごくに落ちたり、クモのあみにつかまってしまうこともあります。また、トカゲやカエルなどには、丸ごとたべられてしまうので、丸くなっても身を守ることができません。

　運よく、いろいろなきけんをさけることができたものだけが、生きのこることができるのです。

▲ ありじごく（ウスバカゲロウの幼虫の巣）に落ちて、つかまってしまいました。

▲ 地面の近くにあみをはるクモや、地面でまちぶせしているクモは、おそろしい敵です。写真はヒメグモのなかまです。

◀ トビイロシワアリなどの小型のアリは、集団でおそってきて、からのすきまをこうげきしてきます。こうげきにたえきれずに、命を落とすこともあります。

■ 体の大きなクロオオアリは、するどい大あごでこうげきしてきます。力が強いので、ダンゴムシは生きたまま巣に引きずりこまれてしまうこともあります。

■ ニホンアマガエルにたべられてしまったダンゴムシ。カエルやトカゲは、大きな口で、ダンゴムシを丸ごとたべてしまいます。

第2章 ダンゴムシと土

ダンゴムシがいる落ち葉の下の世界には、さまざまな生き物がくらしています。大型のものの代表は、モグラやジネズミ、トカゲやヘビなどです。これらは、より小さい昆虫やダンゴムシ、ムカデやヤスデ、地面の下にいる昆虫の幼虫やミミズなどをたべています。さらに、トビムシやダニ、センチュウなど、わずか数ミリメートルの大きさの生き物もいます。そして、もっとも小さくて数が多いのは、細菌や原生生物という、目にはみえないほど小さな生き物です。このような生き物を合わせて、土壌生物といいます。

落ち葉の下の世界は、「たべる・たべられる」の関係によって、これらの生き物がたがいにつながり合ってできています。

🔺雑木林の地面の上と下。いちばん上には落ち葉がたくさんつもっていて、下の方にはぼろぼろになった落ち葉のかけらがあります。その下にはふかふかの土、さらにその下にかたい土があります。このふかふかの土は、落ち葉などがくさったものや、落ち葉をたべた生き物のふんが元になってできたものです。腐葉土とか腐植土といいます。

■ 土壌生物の「たべる・たべられる」の関係

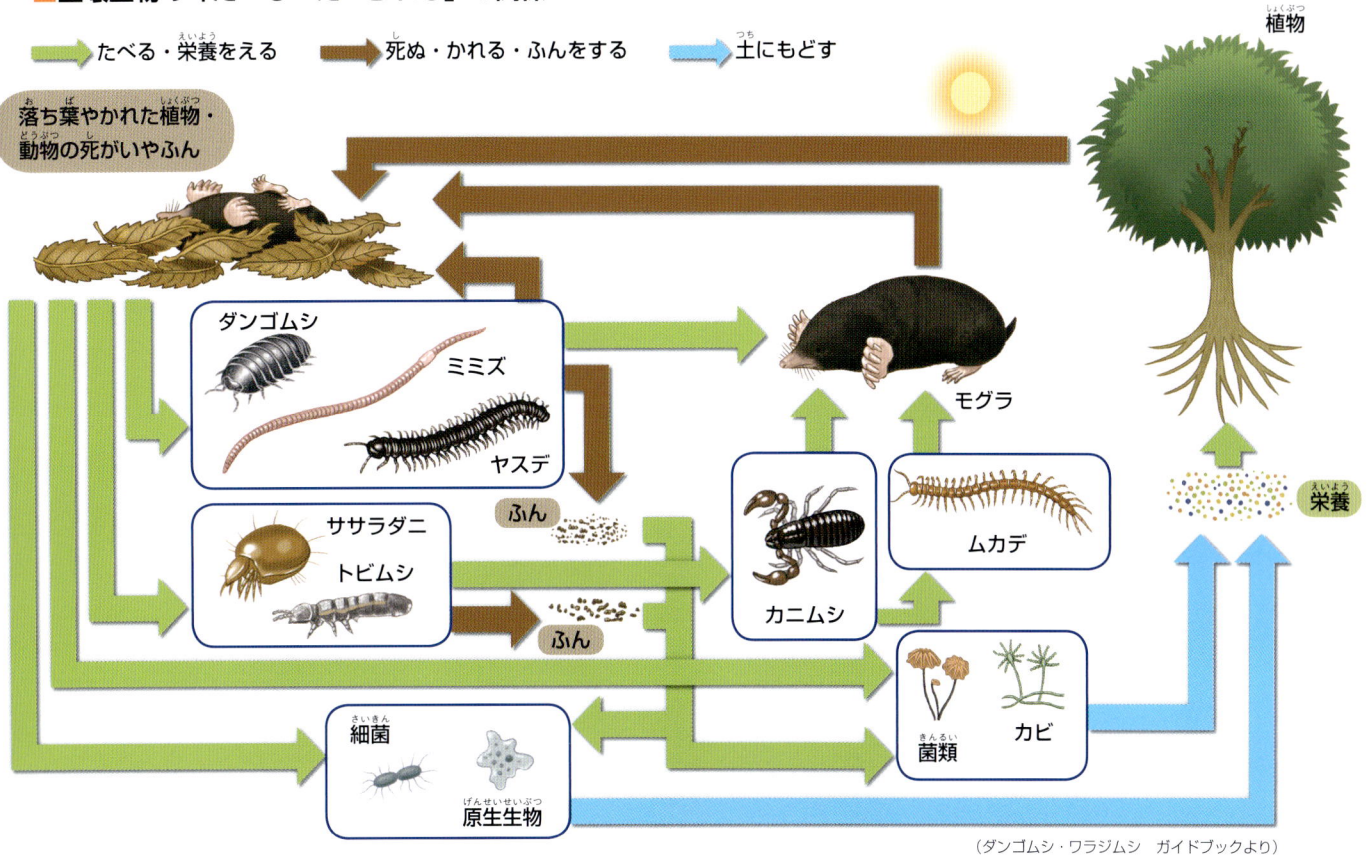

→ たべる・栄養をえる　　→ 死ぬ・かれる・ふんをする　　→ 土にもどす

落ち葉やかれた植物・動物の死がいやふん

ダンゴムシ／ミミズ／ヤスデ

ササラダニ／トビムシ

ふん

モグラ

カニムシ／ムカデ

細菌／原生生物

菌類／カビ

栄養

植物

（ダンゴムシ・ワラジムシ　ガイドブックより）

△ ミミズをたべるモグラ。モグラやジネズミ、ヘビやカエル、トカゲ、ムカデ、クモなどは、落ち葉の下にすむ動物をとらえてたべる動物です。「たべる・たべられる」の関係では、いろいろな生き物をたべるグループに入れられます。同じグループの中にいる同士でも、クモやムカデをモグラがたべたり、モグラはヘビにたべられたりするという関係もあります。

17

ダンゴムシの食べ物は

　落ち葉のあいだにいるダンゴムシをよくみると、落ち葉をたべているものがいます。ダンゴムシの口には、左右からつき出たきばのような大あごと2つの小あごがあり、これで落ち葉をかみ切って、どんどんたべていきます。

　ダンゴムシは、かれた草や木の枝、落ち葉が大好物です。そのほかにも、くさりかけている野菜や果物、昆虫や小さな動物の死がいなど、いろいろなものをたべます。

　どれも、地面に落ちたばかりや、死んだばかりのものよりも、時間がたってすこしくさりかけたものの方が好きです。

▶落ち葉をたべているダンゴムシ。前の方のあしで落ち葉をしっかりとおさえ、かみ切ってたべます。

▲石の上にはえたコケなどをたべています。

▲木の実や草のたねがまじった鳥のふんをたべています。

▲落ちたキイチゴの実をたべています。

▲ ダンゴムシが落ち葉をたべたあと。大あごでかみ切ったことが、よくわかります。

▲ かれた枝の表面の皮をたべています。

▲ 地面に落ちたどんぐりのはかまをたべています。

▲ すてられていたにぼしをたべています。

みんな、ふんにしてしまう

　ダンゴムシがたべたものは、数時間でふんになります。ダンゴムシは、おきているあいだは、しじゅうたべつづけて、長さ1ミリメートルほどのふんを出しています。

　落ち葉はあまり栄養がないので、ダンゴムシのふんは落ち葉がほとんどそのまま細かくなっただけにみえます。ダンゴムシの体の中には、細菌というとても小さな生き物がたくさんすんでいて、落ち葉から栄養をとるたすけをしています。この細菌たちはふんにもまじっていて、ふんになった落ち葉をたべてさらに細かくし、栄養にかえていきます。また、まわりの落ち葉や死んだ生き物にとりついて、それがくさっていくのをたすけます。

　土は、小さな石や、死んだ植物や動物が細かくなったものでできています。つまり、ダンゴムシは落ち葉などが土にもどっていくのをたすける、たいせつな はたらきをしている生き物なのです。

■ 落ち葉をたべながら、ふんをしているダンゴムシ。体の後ろにたくさんつみ重なっているのが、ダンゴムシのふんです。

▲落ち葉を土の中の巣にはこぶイイヅカミミズ。腐葉土や土もたべ、たくさんのふんをします。

ミミズもシロアリもふんをする

　土壌生物のなかには、ダンゴムシと同じように、かれた植物やくさった植物、動物のふんや死がいなどの、自然界のごみをたべるものがたくさんいます。

　ダンゴムシやヤスデ、シロアリなどは、落ち葉やかれた植物などをたべて、ふんをします。ナメクジのなかまには、キノコをたべるものもいます。動物のふんや、動物のくさった死がいをたべるものの代表は、うじ虫（ハエの幼虫）ですが、ダンゴムシも動物のふんや死がいをたべます。また、カブトムシやカナブンの幼虫、ミミズなど、くさりかけの植物や腐葉土をたべるものもいます。

　これらの土壌生物たちのはたらきにより、落ち葉などの自然界のごみが、とても小さなふんのつぶにかえられているのです。

🔺 キシャヤスデは、4cmほどのヤスデで、落ち葉やくさりかけの植物をよくたべます。

🔺 オカチョウジガイは、からが1cmほどのカタツムリのなかまです。くさりかけた植物や小動物の死がいなどもたべます。

🔺 ハエ・アブのなかまの幼虫。5〜8mmほどで、動物のふんやくさりかけの死がい、くさった植物などをたべます。

🔺 ヤマナメクジ。大きなものは15cmほどにもなり、くさりかけの落ち葉やキノコなどをたべます。

🔺 生まれて間もないカナブンの幼虫。大きくなると3〜4cmほどになり、落ち葉やくちた木などをたべます。

🔺 ヤマトシロアリ。4〜5mmほどの大きさで、落ち葉やかれ木などをたべます。上がはたらきアリで、下が兵アリ。

🔺 アカイボトビムシのなかま。2.5mmほどで、落ち葉の下などにいます。まわりに立っているのは、変形菌という生物です。

🔺 オオトゲトビムシ。トビムシとしては大型で、7mmほどになります。落ち葉の下などにいます。

🔺 マルトビムシのなかま。2mmほどで、落ち葉の下などにいます。落ち葉についたカビをたべています。

とても小さい虫も……

　落ち葉の下や土の中には、わずか１センチメートルにもみたない虫たちも数多くいます。トビムシやコムシ、コムカデ、ササラダニなどの虫です。これらの虫はくさりかけた植物などをたべてくらしています。そして、たべたものを目にはみえないほど細かいふんにします。

　こうして、とても細かいつぶになった落ち葉や植物は、さらにカビや細菌などによって、土にふくまれる栄養へとかえられていきます。これらの土壌生物がいなかったら、木も草も育たず、わたしたちも生きていけないのです。

▲ナミコムカデ。5mmほどで、落ち葉の下や土の中などにいて、くさった植物などをたべます。

▲ウロコナガコムシ。3.5mmほどで、落ち葉の下や土の中などにいて、くさりかけた落ち葉やカビなどをたべます。

▲キュウジョウコバネダニ。ササラダニのなかまで、1mmにもなりません。落ち葉などをたべます。

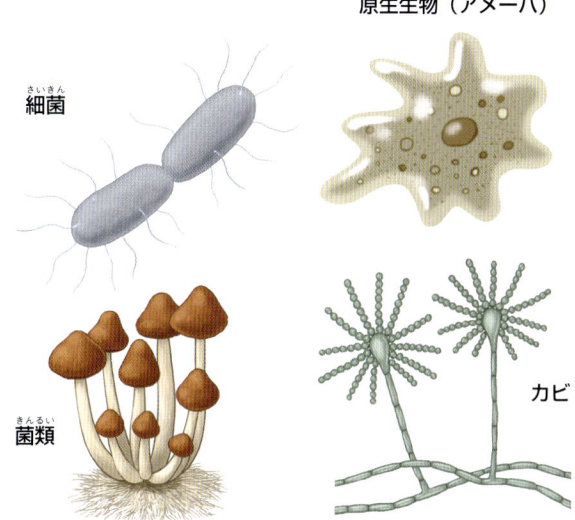
▲細菌や菌類、原生生物は、動物の死がいやかれた植物を、最終的に土にふくまれる栄養にかえるやくわりをします。

第3章
ダンゴムシの一生

　梅雨が終わるころ、ダンゴムシのすみかをさがしてみると、2ひきがからまりあっているダンゴムシがいました。ふだんは、おたがいにあいだをあけてくらしていて、くっつきあっていることはあまりありませんが、この時期には、あちこちでみつかります。

　よくみると、2ひきの体の色やもようがちがいます。ふつう、黒っぽい色の方がオスで、茶色い体で黄色いもようがある方がメスです。

　ダンゴムシのオスは、梅雨のなかばから夏にかけて、落ち葉の下などでメスに出会うと、メスをだきかかえるようにしたり、背中に乗ったりして、メスをさそいます。そして、子孫をのこすための交尾をするのです。

▶ダンゴムシのオス。背中のからが、ふつう全体に黒っぽい色です。黄色いもようは、ないか、あっても小さく、目立ちません。

▶ダンゴムシのメス。背中のからが、ふつう全体に茶色っぽい色です。大きな黄色いもようが、よく目立ちます。

■ 出会ったメスに近づき、だきかかえているオス。左側がオスで、右側がメスです。

卵はどこにある?

交尾をすると、メスのお腹の中では、卵が育ちはじめます。そして交尾から1か月ほどたつと、メスは卵を産みます。でも、そのころにメスのまわりをさがしてみても、落ち葉の上にも地面にも、卵がみつかりません。ダンゴムシは、いったいどこに卵を産むのでしょう。

答えは、メスの体をひっくりかえしてみるとわかります。ダンゴムシのメスは、胸のところにあるふくろの中に卵を産みおとすのです。そして、卵の中で赤ちゃんが育って生まれるまで、母親がそのふくろの中で守っているのです。

50〜200個ほどの卵は、母親に守られて育ち、1か月ほどすると、小さな赤ちゃんが生まれます。けれども、すぐ外には出ないで、自分で歩きまわれるようになるまで、ふくろの中にいます。

▲お腹のふくろにいっぱいにつまっている卵。ふくろは、「育児のう」といい、卵を産むころになると胸のところにできます。

◁ お腹のふくろに卵をかかえて歩くダンゴムシの母親。お腹に赤ちゃんをかかえているあいだは、体をまるめることができません。敵にみつかってこうげきされないように、注意しなければなりません。ふくろは、1番目のあしがある節（体節）から、5番目のあしがある節までにあり、1つにつながっています。

△ ふくろの一部がさけて、もう外の世界に出るのも間近です。

赤ちゃんが出てきた

　卵から生まれた赤ちゃんでふくろの中がぎっしりになるころ、母親が体をまげたりのばしたりし、ふくろにさけめができます。赤ちゃんたちは、このさけめから、外の世界に歩いて出てきます。
　赤ちゃんは母親にくらべるととても小さく、体に色もついていません。でも、体の形は母親とほとんど同じで、自由に歩くことができます。

▲ふくろのやぶれめから外に出てくるダンゴムシの赤ちゃん。体の色はまだついていないので、体の中がすきとおってみえています。

▶ダンゴムシの母親と赤ちゃん。ふくろから出てきた赤ちゃんを、母親が守ることはありません。

大きくなるために……

母親のお腹のふくろから外に出たダンゴムシの赤ちゃんは、落ち葉のうらなどにあつまって、体のからをぬぎます。古いからをぬぎすて、体を大きくすることができるのです。これを脱皮といいます。チョウやカブトムシをはじめ、昆虫の幼虫も、脱皮をすることで、体が大きくなります。

脱皮をおえた赤ちゃんたちは、体は小さくても、もう自分で食べ物をたべることができます。食べ物をさがすために、まわりの世界へと、ちりぢりになっていきます。

▲からをぬいで、脱皮をおえたダンゴムシの赤ちゃん。新しいからにも、まだ色はついていません。

▶脱皮するダンゴムシの赤ちゃんのまわりに、ぬぎすてた古いからがちらばっています。体が小さなうちは、1週間くらいごとに脱皮をして、大きくなっていきます。

赤ちゃんも丸くなる

　生まれたばかりのダンゴムシの赤ちゃんは、1.7ミリメートルほどの大きさしかありません。マッチぼうの太さと同じくらいの大きさです。体の形は親と同じでも、体をおおっているからはまだやわらかく、あしや触角もとても弱よわしくみえます。

　それでも、おどろいたりさわられたりすると、赤ちゃんは親と同じように体をまるめます。丸くなって身を守る方法は、生まれながらに身についているのです。ただ、まだ体がやわらかいので、ききめはなさそうです。小さいときには、とくにきけんがいっぱいです。

△生まれて間もないダンゴムシの赤ちゃん。体の色はまだついていなくて、眼だけが黒くみえます。あしの数が親より2本少なく、12本しかありません。

▷丸くなったダンゴムシの赤ちゃん。とても小さな体が、さらに小さくなります。白い糸のようなものは落ち葉についたカビです。

35

🔺 体の後ろ半分を脱皮したダンゴムシ。新しいからの色は、これから脱皮する前半分のからと色がはっきりちがっています。

半分ずつからをぬぐ

　おとなのダンゴムシも脱皮をしています。ぬぎすてた自分のからをたべているダンゴムシもいます。みていると、まず後ろ半分のからをぬぎました。そして、ぬぎすてた古いからをたべます。それから半日ほどたつと前半分を脱皮して、今度はぬぎすてた前半分のからをたべます。

　ダンゴムシは、脱皮をくりかえすことで育っていきます。脱皮の回数は決まっていなくて、はじめのうちは1週間くらいごとに、大きくなってくると1か月くらいごとに脱皮をするようになります。はじめは色がついていなかった体も、何回か脱皮するうちに、だんだん色がついていきます。

　ダンゴムシは1年ほどでおとなになりますが、おとなになってからも脱皮をします。

▲ 前半分のからの脱皮をはじめたダンゴムシ。古いからから、後ろに体を引きぬくようにして、からをぬぎます。

▲ 前半分のからをぬぎおえたばかりです。新しいからはまだやわらかく、すこし白っぽい色をしていますが、すぐに黒くなります。

▲ ぬいだ古いからをたべるダンゴムシ。たべたからは、次に新しいからをつくるための栄養にもなります。

▲ 生まれてから何回も脱皮をくりかえして、少しずつ大きくなっていきます。左上は生まれて数日、右上が生まれて1か月後、左下が生まれて3か月後、右下が生まれて1年後。写真は実物の約5倍です。

37

白いダンゴムシ

　落ち葉の下に、白いダンゴムシがいました。脱皮をしているのでしょうか。じっとしていて、まったく動くようすはありません。よくみると、死んだダンゴムシでした。

　ダンゴムシは、数年ほど生きるといわれています。でも、それまでに、敵におそわれたり、病気になったりして死ぬものがたくさんいます。

　死んで白くなったダンゴムシは、なかまのダンゴムシやほかの生き物にたべられたり、カビがはえたり、くさったりしていきます。最後には自分がくらしていた場所の土にもどっていきます。こうしてダンゴムシは、死んだあとも生き物のつながりのなかで、やくにたっているのです。

▲敵にたべられてしまったダンゴムシ。お腹などのやわらかい部分はたべつくされ、かたい背中のからだけがのこっています。

▶死んで白くなったダンゴムシ。からがかたいので、じょうずに保存すれば、ずっとそのままのこることもあります。

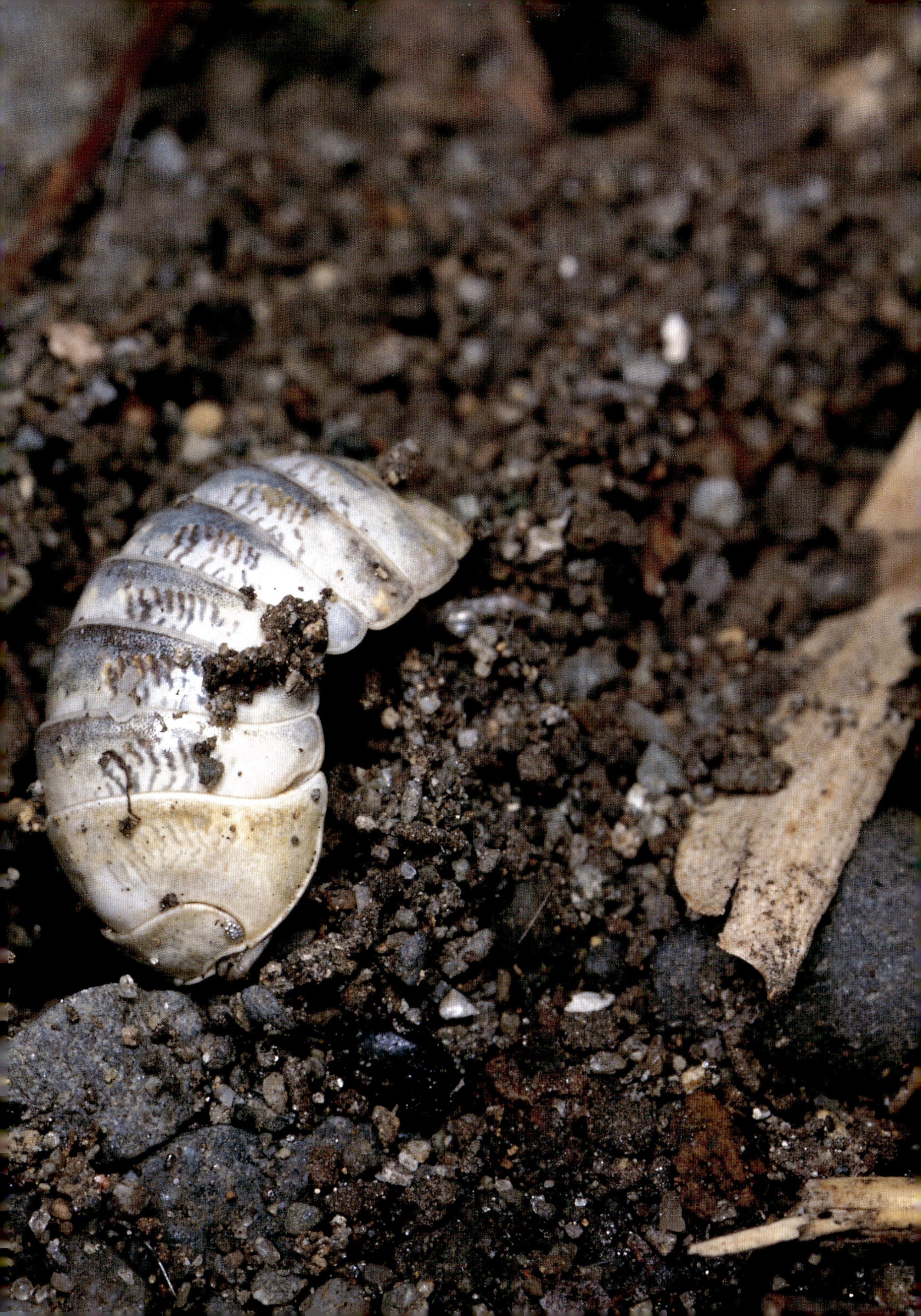

冬はじっとしている

　雪がふった日、ひさしぶりにダンゴムシたちのようすを調べに、家の近くの雑木林に行ってみました。ダンゴムシたちは、落ち葉の下のところどころでかたまりをつくり、じっとしていました。
　寒い冬のあいだ、ダンゴムシは体を丸くして、じっと寒さにたえています。つもった落ち葉に守られているので、その下の地面は、体がこおってしまうほどには寒くはありませんが、ほとんど何もたべず、ねむるようにすごします。こうして、春になって暖かくなるのをまっているのです。

■ あつまってじっとしている冬のダンゴムシ。

● 雪の日の雑木林。

春が来た

　寒かった冬が終わり、春になりました。春の日ざしをあび、暖かくなって、草の葉がのびてきました。

　ねむったようにじっとしていたダンゴムシも、動きはじめます。かれ葉をたべて体力を取りもどし、落ち葉の上にもすがたをあらわすようになります。

　ダンゴムシたちは、元気に動きまわり、新しい命をつくりだしていくのです。

◻︎ 春になって、落ち葉の上にあらわれたダンゴムシ。

43

みてみよう やってみよう
ダンゴムシをみつけよう

　ダンゴムシは、雑木林だけでなく、公園や庭、校庭など、わたしたちの身のまわりにもすんでいます。かんたんにみつけることができるので、観察するのに手間がかかりません。

　また、つかまえたり、飼育するのもかんたんなので、じっくりと観察することもできます。

　家のまわりのいろいろな場所をさがして、ダンゴムシがいる場所をみつけてみましょう。みつけたあとは、動かした石や落ち葉、植木ばちなどを、かならず元にもどしましょう。

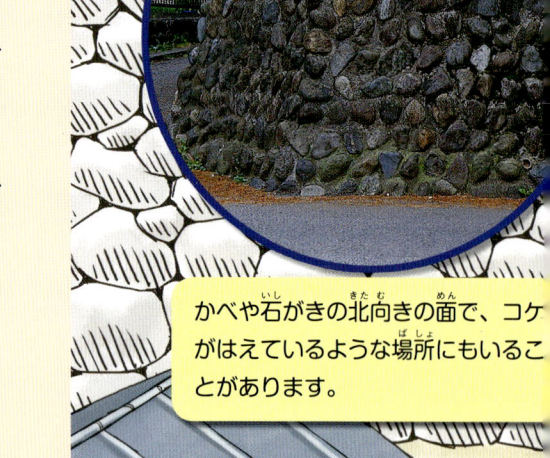

かべや石がきの北向きの面で、コケがはえているような場所にもいることがあります。

地面においてある大きな石やブロック、植木ばちなどの下には、とてもたくさんのダンゴムシがあつまっていることがあります。ワラジムシもいっしょにまじっています。

階段のわきなど、いつも落ち葉がふきだまっている場所では、落ち葉のあいだや下をさがしましょう。

公園の大きな木の幹にはえたコケの上などを歩いていることもあります。

庭や花だんのすみなどの石やブロックのかけらの下、かべの地面近くにもいます。

切った木の枝や幹をつんである場所では、木と木のすき間や下に、たくさんのダンゴムシがいます。

45

みてみよう やってみよう
ダンゴムシを飼ってみよう

　ダンゴムシをみつけたら、10〜20ぴきくらいもち帰って、教室や自分の家で飼ってみましょう。

　飼育すると、ダンゴムシの体のしくみや、動き方、くらし方など、ダンゴムシのことをよく知ることができます。

　観察がおわったら、ダンゴムシは、かならずつかまえた場所にもどしてあげてください。

いちごパックや、はば10〜20cmほどの飼育ケースで、10〜20ぴき飼いましょう。食品保存用の容器も使えます。飼育ケースは、風通しがよく、雨や日がじかにあたらない場所におきましょう。

▲落ち葉や、野菜のくず、にぼしなどをあたえます。卵のからも入れるとよいでしょう。

飼育ケースのふちから落ち葉や土まで、5cmくらい高さをとりましょう。かべがよごれると、ダンゴムシがのぼってにげるので、いつもかべをきれいにふいておきましょう。

大きなペットボトルを切り、飼育ケースにすることもできます。手を切らないように、切ったふちにビニールテープをまきましょう。

すんでいた場所の土を3cmほどのあつさにしき、落ち葉や石などを入れます。

学校の週末や、家の旅行で数日でかけて世話ができないときは、土がかわかないように、ガーゼやあなをあけたビニールをかぶせておきましょう。

世話をしよう

△ ダンゴムシをつかまえるときは、軍手をはめて土や落ち葉ごとすくうか、小さな入れものにおいこんで、ポリエチレンのふくろに入れましょう。

△ ダンゴムシが死んでも、そのままにしておけば、ほかのダンゴムシのえさになります。カビやダニなどがふえてこまる場合は、はしなどで、取りのぞきましょう。

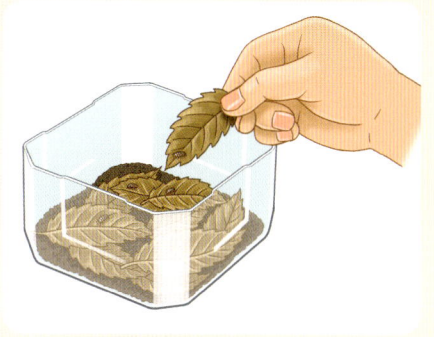

△ 落ち葉や土がかわいてきたら、きりふきで土に水をかけて、しめらせましょう。しめらせすぎないよう、注意しましょう。

△ ダンゴムシを別の容器にうつすときは、落ち葉にのせてうつしましょう。

みてみよう やってみよう
実験してみよう ①

容器の底に、真ん中で半分ずつになるように黒い紙と白い紙をしき、ダンゴムシをはなしました。

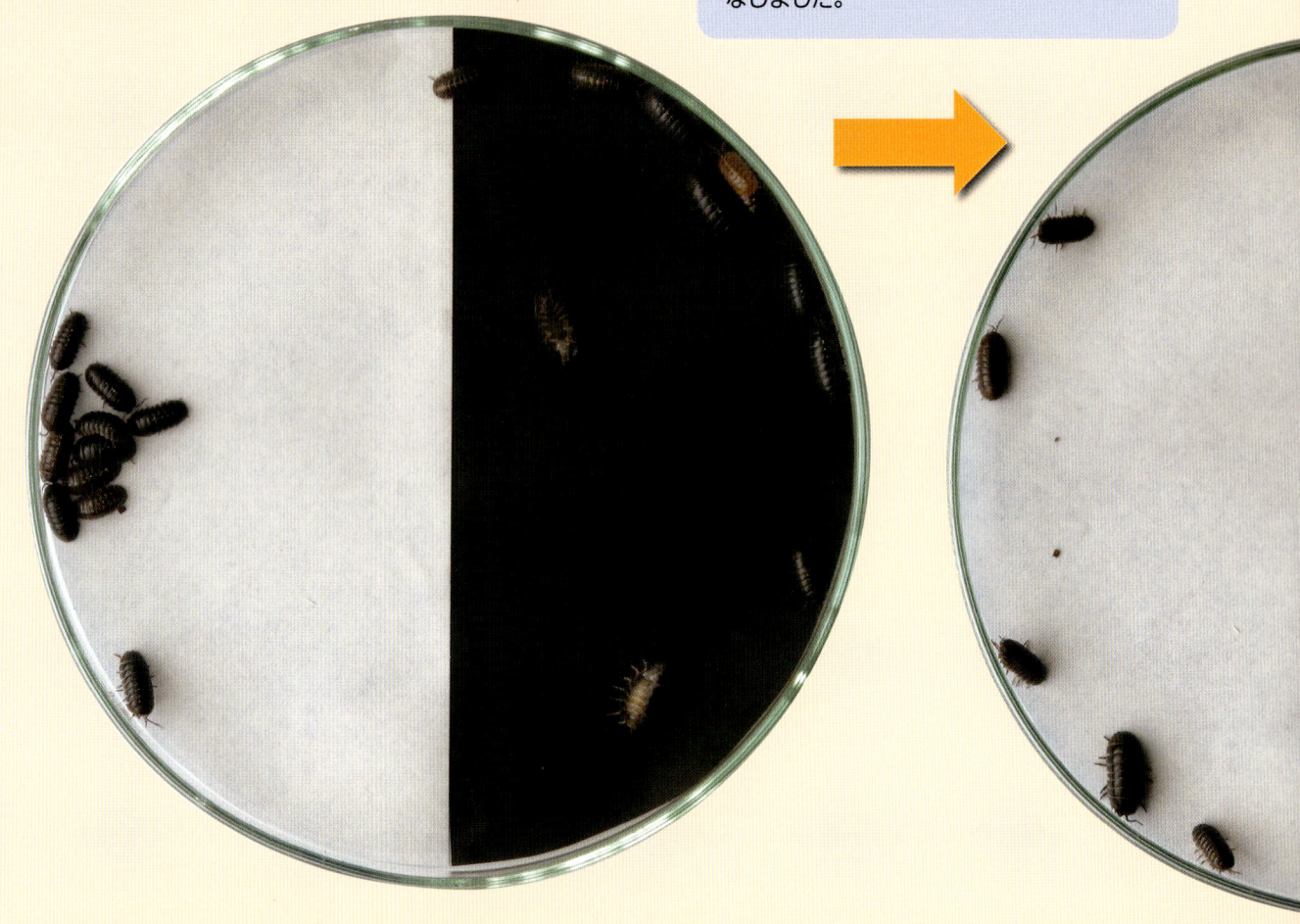

白と黒、どっちが好き？

　飼っているダンゴムシを使って、性質を調べる実験をしてみましょう。

　まず、食品保存用容器や小さな飼育ケースの底に、白い紙と黒い紙を半分ずつになるようにしきます。

　ダンゴムシを10〜20ぴきくらいはなして、1時間ほど、そのままようすをみましょう。そして、ダンゴムシが白と黒、どちらの紙の上にたくさんいるかを調べます。

　これは、明るい場所よりも暗い場所が好きというダンゴムシの性質を調べる実験です。ダンゴムシは落ち葉や石の下にすんでいるため、明るく感じる白い紙よりも暗く感じる黒い紙の上にあつまることが多いようです。

　白と黒の面積をかえたり、ほかの色でも試してみましょう。

時間がたつと、ダンゴムシのほとんどが、黒い紙の上にあつまりました。

※紙の材質や部屋の明るさなど、いろいろな条件のちがいで、実験の結果はさまざまにちがってきます。結果と条件の関係もふくめて考えてみましょう。

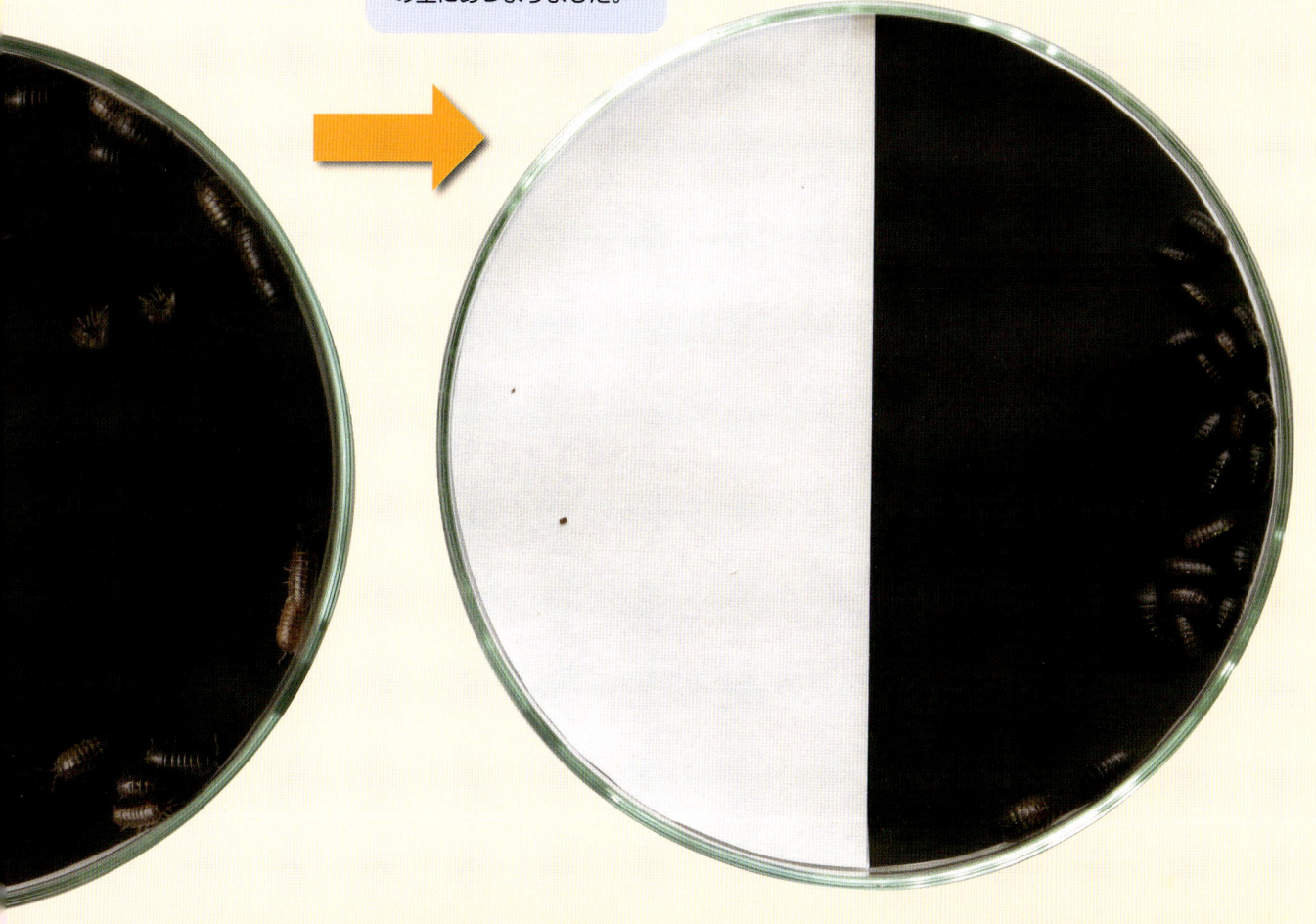

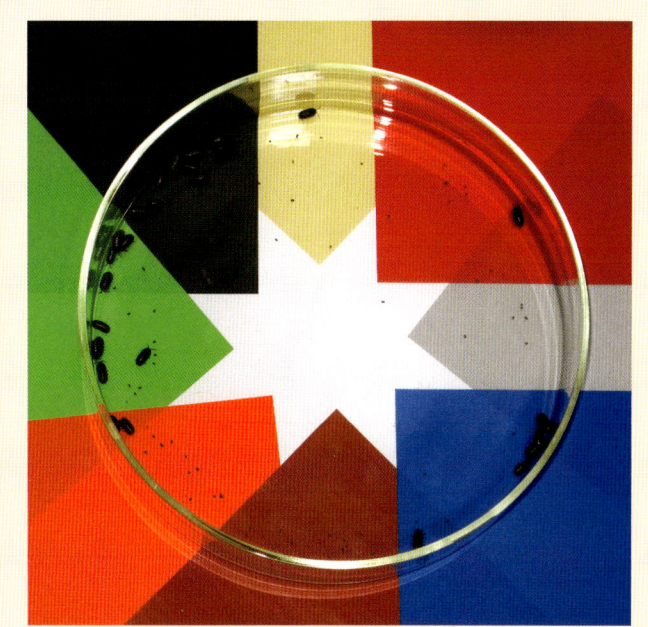

▲ 容器の底に、いろいろな色の紙をしいてみました。紙の色によって、あつまるダンゴムシの数はちがうでしょうか。

▲ ダンゴムシを入れたケースに明るい場所と暗い場所をつくると、ダンゴムシは暗い場所にあつまりました。

49

みてみよう やってみよう
実験してみよう❷

容器の底に、かわいたスポンジ（左）と、水でしめらせたスポンジ（右）をおきました。

数時間たつと、ダンゴムシは水でしめらせたスポンジ（右）の方にあつまりました。

しめった所とかわいた所、どっちが好き？

　こんどはスポンジを使って、ダンゴムシはしめった場所とかわいた場所のどちらが好きかを調べてみましょう。

　容器の底に、かわいたスポンジと水でしめらせたスポンジを、おいてみましょう。スポンジのまわりにダンゴムシを入れてようすをみると、時間がたつと、しめったスポンジの方にダンゴムシがあつまってきました。

　この実験の結果もやはり、ダンゴムシのすんでいる場所に関係しています。ダンゴムシは暗くしめった場所にすんでいるので、かわいたスポンジよりもしめったスポンジにあつまるのです。

　スポンジのしめらせ方をかえると、どうなるかも調べてみましょう。

▲ ダンゴムシはすこししめった場所が好きです。水びたしのような場所は好きではありません。雨があたっている地面をはいまわることはありませんが、雨の日や湿気のおおい日には、木や草の葉の上にいるところもよくみられます。

▲ ダンゴムシは水にうくことができます。自分からすすんで水に入ることはありませんが、水中に入ってもすぐにおぼれることはありません。

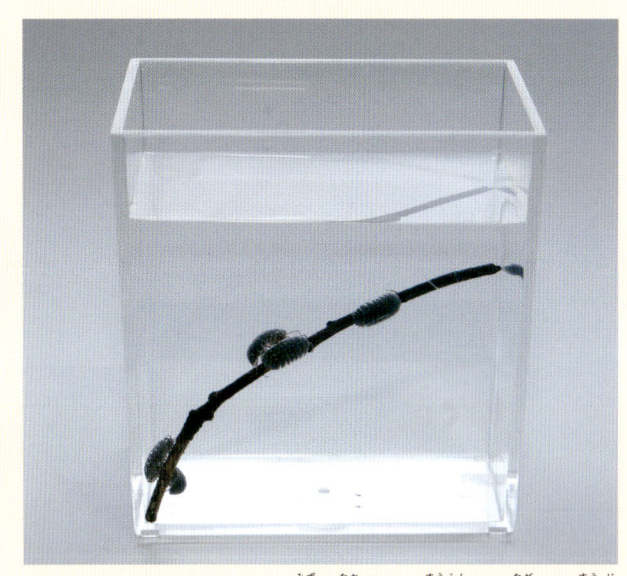

▲ ダンゴムシは、つめたい水の中では、数分から長いと数時間も、呼吸をせずにたえることができます。体の温度が下がることで、使う酸素の量がとてもすくなくなるようです。

みてみよう やってみよう
実験してみよう ❸

10ぴきのダンゴムシにコナラの落ち葉を1枚あたえてみました。

3日後。葉のすじとすじのあいだのやわらかい部分からたべています。

※落ち葉はできるだけしめらせたものを使いましょう。
数日間、水にひたしておくとよいでしょう。

どれくらいの速さで落ち葉をたべる？

　次に、ダンゴムシがどれくらいの速さで落ち葉をたべるのかを調べる実験をしてみましょう。

　飼育ケースにダンゴムシを10ぴきほど入れ、落ち葉を1枚入れてみましょう。この1枚の落ち葉をダンゴムシたちが何日くらいでたべるのか、どの部分からたべていくかを観察しましょう。

　ダンゴムシが落ち葉をたべる速さは、葉の種類や、葉のかれぐあい、気温や湿度によって、さまざまにかわります。

　ダンゴムシはうすくてやわらかく、かれて少しボロボロになった葉が好きです。早い場合には、数日で1枚の葉をほとんどたべつくしてしまいます。スギなどのかたい葉は、あまりたべません。

6日後。ずいぶんと、葉がたべられ、ふんがふえています。葉の太いすじをのこしてたべています。

10日後。葉の太いすじをのこして、ほとんど葉をたべています。

10日後にのこった葉と、ダンゴムシのふん。

好きな葉と好きではない葉がある

イチョウ　サクラ　カエデ　スギ

▲ ダンゴムシ（数ひき）をはなした容器に、イチョウ、サクラ、カエデ、スギのかれ葉を同時に入れました。1週間ほどすぎたときのかれ葉のようすです。スギのようにくさりにくいかたい葉は、ほとんどたべられずにのこりました。さらに1か月後には、スギの葉もすこしずつたべました。

みてみよう やってみよう DANGOMUSHI
ダンゴムシの体

　ダンゴムシは、おとなでも10～15ミリメートルほどの大きさしかないので、肉眼では体の細かい部分を観察するのがたいへんです。虫めがねやルーペを使って、ダンゴムシの体を観察し、スケッチしてみましょう。

　ダンゴムシは、昆虫やクモ、サソリ、エビやカニ、ムカデなどがふくまれる節足動物というグループの動物です。その中でもエビやカニに近いなかまなので、昆虫とは体のつくりがちがいます。どんなところが昆虫とにていて、どんなところがちがうか、よく観察して調べてみましょう。

▲ ダンゴムシの体は、いくつもの節からできています。体の中に骨はなく、体が外骨格というじょうぶなから（皮膚）でおおわれています。昆虫とちがい、はねはありません。

▲ オスの腹部と尾部。腹部に交尾をするための交尾器があります。
こうびき　交尾器

▲ メスの腹部と尾部。メスの腹部には、オスのような交尾器はありません。

▲ 背中側からみた体。頭をふくめ、14枚のかたい背中のからがならんでいます。

触角
頭部（1枚目）
胸部（2～8枚）
腹部（9～13枚）
尾部（14枚目）

※尾部は3つに分かれてみえますが、まん中がからで、左右にあるのは尾肢という突起です。

△口は、長い触角のあいだの少し下側にあります。口にはきばのような大あごと、2つの小あごがあります。

△頭の両わきに、小さな眼（個眼）があつまった複眼がありますが、あまり視力はよくありません。触角でにおいや味を感じたり、周囲をさぐります。長い触角のあいだに短い触角がもう1対ありますが、外からはよくみえません。

昆虫の体

前ばね　触角

頭部
胸部
腹部

後ろばね

△腹側からみた体。胸部にある7つの節に、あしが1対ずつ、14本あります。

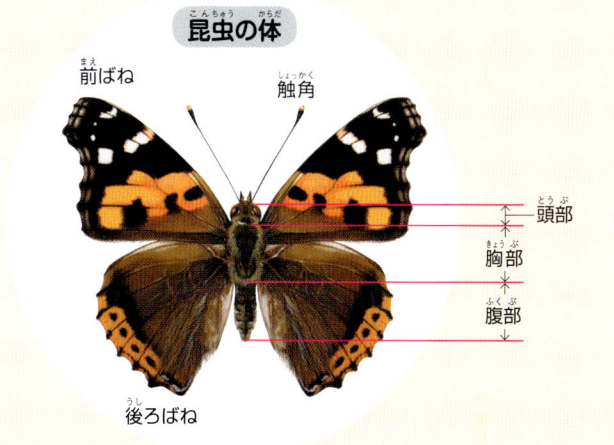

△後ろ側からみた体。いちばん後ろのからは、ほかのからと形がちがいます。

■ 細い枝をのぼるダンゴムシ。つめと毛がはえたあしを使って左右からしっかりはさみ、ゆっくりとのぼっていきます。でも、すべすべしたかべは、のぼることができません。

▲ あしの先には、するどくとがったつめがあります。あしにも、とげのような毛がたくさんはえています。

みてみよう やってみよう

細い所も歩ける

　ダンゴムシは、歩くのはあまり速くありません。でも、自分の体のはばより細い枝の上などを歩いたり、まっすぐ立っているコンクリートのかべや木の幹などをのぼったりすることができます。

　そのひみつは、あしにあります。ダンゴムシのあしには、かたい毛がたくさんはえていて、さらにあしの先にはとがったつめがあります。この毛とつめをものに引っかけて、いろいろな場所を歩いたり、のぼったりできるのです。

　葉などのうすいものにも、左右のあしのつめではさんで、しっかりとしがみつくことができます。

◀細い枝の上で進む方向をかえるときには、体をまるめながら枝にしっかりとしがみつき、体の向きをかえます。

▼進んでいる枝が、とちゅうでちょっととぎれていても、あしを器用に使って、近くにある枝にのりうつることもできます。飼っているダンゴムシでも実験してみましょう。

道がとぎれていても… だいじょうぶ！

かがやくいのち図鑑
ダンゴムシとそのなかま

日本では、オカダンゴムシなどのダンゴムシのほか、ワラジムシやフナムシなど、ダンゴムシに近いなかまがみられます。

ハマダンゴムシ 体長10〜20mm
日本各地の海岸にすんでいるダンゴムシで、砂浜の砂にあなをほったり、石の下やすきまにかくれています。夜になると地上に出てきて、海岸に落ちている海藻やごみなどをたべます。体を完全にまるめることができます。背中のからは、いろいろな色やもようがあります。

オカダンゴムシ 体長10〜15mm
世界各地にすんでいるダンゴムシで、日本には明治時代の初めにヨーロッパから入ってきたそうです。町の公園や庭、まわりの林など、いろいろな場所にすんでいます。この本で紹介しているダンゴムシは、このオカダンゴムシです。

ハナダカダンゴムシ 体長10〜15mm
日本では神奈川県横浜市と兵庫県神戸市でしかみつかっていませんでした。このごろ富山県や滋賀県、さらに最近、群馬県前橋市でもみつかりました。眼の前にある突起がオカダンゴムシよりもつき出ているので、「鼻高」と名づけられました。

58

トウキョウコシビロダンゴムシ　体長6～8㎜
関東地方の山の林にすむダンゴムシで、たおれた木や石の下、林の落ち葉の下などにすんでいます。体を完全にまるめることができます。

セグロコシビロダンゴムシ　体長7～8㎜
関東地方・北陸地方から九州までの山の林にすむダンゴムシで、たおれた木や石の下、林の落ち葉の下などにすんでいます。体を完全にまるめることができます。

フナムシ　体長50～60㎜
世界各地にすんでいるダンゴムシに近いなかま。このなかまは、日本では本州から九州までの各地の海岸の岩の上やすきまなどでみられます。体をまるめることはできません。

ワラジムシ　体長10～13㎜
ヨーロッパ原産のダンゴムシに近いなかま。北海道と本州（鳥取県から東）、徳島県にいて、オカダンゴムシと同じような場所でみられます。体をまるめることはできません。

ニホンハマワラジムシ　体長4～5㎜
本州から九州までの各地の海岸にすんでいます。石や砂利のあいだや、打ち上げられた海藻やごみなどのあいだにいます。体のはばがやや広く、体の色はすきとおったうす茶色です。体をまるめることはできません。

ナガワラジムシ　体長3～4㎜
東北地方南部から関西までの山地にすんでいるダンゴムシに近いなかま。林や公園の落ち葉の下などでみられます。体のはばが細く、体の色はすきとおっています。体をまるめることはできません。

かがやくいのち図鑑
丸くなって身を守る動物

ダンゴムシと同じように、体をまるめて身を守る動物がいます。なかには、ダンゴムシにそっくりなものもいます。

ミツオビアルマジロ　全長35～45㎝
ブラジル東部のかわいた草原にすんでいるアルマジロのなかまです。頭の上と背中のひふが、うろこでおおわれたかたい甲らのようになっています。敵におそわれたり、きけんを感じると、ダンゴムシと同じく体をボールのようにまるめます。

ミミセンザンコウ　全長80～105㎝
インドシナ半島から中国南部、台湾の森にすんでいるセンザンコウのなかまです。頭の上と背中のひふが、うろこでおおわれたかたい甲らのようになっています。敵におそわれたり、きけんを感じると、体をまるめます。

ナミハリネズミ　全長25〜35cm
ヨーロッパとニュージーランドの草原や林などにすんでいるハリネズミのなかまです。頭の上と背中の毛が、かたい針のようになっています。敵におそわれたり、危険を感じると、ダンゴムシと同じく体をボールのようにまるめ、顔やあし、腹を守ります。

タマヤスデの1種　体長0.7〜1cm
本州から沖縄の林などにすむヤスデのなかまです。ダンゴムシと同じく体をボールのようにまるめますが、丸くなったときは顔が体の内側にかくれます。ダンゴムシのなかまではなく、あしが34本あります。

オオタマヤスデのなかま　体長7〜10cm
東南アジアの林などにすむヤスデのなかまです。ダンゴムシと同じく体をボールのようにまるめます。丸くなると直径が4〜6cmほどあり、大きなボールのようにみえるので、メガボールともよばれています。

さくいん

あ
アカイボトビムシのなかま ---- 24
アメーバ ---- 25,63
ありじごく ---- 14
イイヅカミミズ ---- 22
育児のう ---- 28,63
うじ虫 ---- 22
ウロコナガコムシ ---- 25
大あご ---- 15,18,19,55,63
オオタマヤスデのなかま ---- 61
オオトゲトビムシ ---- 24
オカダンゴムシ ---- 58
オカチョウジガイ ---- 23

か
外骨格 ---- 54,63
カナブン ---- 22,23
カニムシ ---- 17
キシャヤスデ ---- 23
キュウジョウコバネダニ ---- 25
クロオオアリ ---- 15
原生生物 ---- 16,17,25,63
交尾 ---- 26,28,54
交尾器 ---- 54
個眼 ---- 55

さ
細菌 ---- 16,17,20,25,63
ササラダニ ---- 17,25
ジネズミ ---- 16,17
集合フェロモン ---- 8,63
触角 ---- 11,13,34,54,55
シロアリ ---- 22,23
セグロコシビロダンゴムシ ---- 59
節足動物 ---- 54,63
センチュウ ---- 16

た
脱皮 ---- 32,36,37,63
ダニ ---- 16,17,25,47
「たべる・たべられる」の関係 ---- 16,17

タ
タマヤスデの1種 ---- 61
敵 ---- 11,14,29,38,60,61
トウキョウコシビロダンゴムシ ---- 59
トカゲ ---- 14,16,17
土壌生物 ---- 16,17,22,63
トビイロシワアリ ---- 14
トビムシ ---- 16,17,24,25

な
ナガワラジムシ ---- 59
ナミコムカデ ---- 25
ナミハリネズミ ---- 61
ナメクジ ---- 22
ニホンハマワラジムシ ---- 59

は
バクテリア ---- 63
ハナダカダンゴムシ ---- 58
ハマダンゴムシ ---- 58
ヒメグモのなかま ---- 14
複眼 ---- 55
腐植土 ---- 16,63
フナムシ ---- 59
腐葉土 ---- 16,22,63
ふん ---- 8,17,18,20,22,23,25,53
ヘビ ---- 16,17

ま
マルトビムシのなかま ---- 24
ミツオビアルマジロ ---- 60
ミミズ ---- 16,17,22
ミミセンザンコウ ---- 60
ムカデ ---- 16,17
モグラ ---- 16,17

や
ヤスデ ---- 16,17,22,23
ヤマトシロアリ ---- 23
ヤマナメクジ ---- 23

わ
ワラジムシ ---- 59

この本で使っていることばの意味

育児のう 卵や生まれたての子を守って育てるために、体の一部分がふくろのようになったもの。ダンゴムシでは、メスの体の中で卵がつくられると、胸の部分の腹側に育児のうができます。卵は、育児のうの中に産みおとされます。メスは1か月間ほど、卵をかかえてくらすので、卵と卵からかえった赤ちゃんは、敵やカビなどから守られて安全に育ちます。

大あご 昆虫やクモ、ダンゴムシ、エビやカニ、ムカデやヤスデなどの口にある、きばのような器官。もともとはあしであった部分から発達した器官なので、左右で1対になっています。食物をかみ切るほか、敵をこうげきするために使われることもあります。

外骨格 昆虫やクモ、ダンゴムシ、エビやカニ、ムカデやヤスデ、ウニやヒトデなどの体の外側をおおっているかたくなった皮膚のこと。これらの生物には、ヒトや哺乳動物、鳥、ヘビやトカゲ、カエルや魚などとちがい、体の内部に骨がないので、外骨格が体をささえるやくわりをします。

原生生物 生物を大きく5つになかま分けしたときのグループの1つ。動物、植物、細菌、キノコやカビの4つのグループに入らない、さまざまな生物のあつまりです。代表的なものに、ゾウリムシやミドリムシ、アメーバ、ケイソウ、変形菌、藻類などがあります。水の中や水を多くふくんだ土の中にすむものが多く、肉眼でやっとみえるか、みえないほど小さなものがほとんどです。しかしなかには、コンブやテングサなど、体が大きなものもいます。

細菌 肉眼ではみえないほど小さく、体が1つの細胞からできている生物で、バクテリアともいいます。とても種類が多く、地球上のあらゆる場所にすんでいます。かれた植物や死んだ動物、いろいろな動物のふんなどを利用してふえるものや、動物や植物の体表や体内にすみついて栄養をもらうもの、土や水にふくまれる物質を利用して自分で栄養をつくりだすものがあります。また、病気の原因になるものや、納豆やヨーグルト、チーズ、酒などをつくるために利用されるものもあります。

集合フェロモン 同じ種類の動物をさそってあつめる効果がある物質。動物の体の中でつくられ、体の表面に分泌されたり、ふんなどにふくまれて体の外にだされます。そこから蒸発したとてもかすかなにおいが、空気中をただよい、そのにおいを感じたなかまをあつめます。ダンゴムシの集合フェロモンは胃でつくられ、ふんにまざって体の外に出され、なかまをあつめます。

節足動物 背骨をもたない動物（無脊椎動物）のうちのもっとも大きなグループ。昆虫やクモ、サソリ、ダニ、ダンゴムシやフナムシ、エビやカニ、ヤドカリなど、100万種類以上もいます。体が左右対称の節でできていて、ふつうそれぞれの節にあしやあしから変化した器官が1対または2対ついています。

雑木林 クヌギやコナラなどさまざまな広葉樹からなる林。原生林に人間が手をくわえたりしてできたもので、山奥ではなく、人間がすんでいる場所の近くにあります。古くからまきや炭の原料や、肥料にするための落ち葉をとるためなどに利用され、手入れされてきました。

脱皮 外骨格をもつ動物が、成長するために全身の古いからをぬぎすて、新しいからを身にまとうようになること。古いからの下にできた新しいからは、最初はやわらかいので、脱皮をした直後にのびて、体が大きくなることができます。昆虫は幼虫のときに数回脱皮をし、成虫になると脱皮しなくなりますが、ダンゴムシは成虫になっても脱皮をつづけます。

土壌生物 落ち葉の中や下、土の中でくらす生物。モグラやトカゲ、ヘビなど大型の動物から、ミミズや、昆虫、ダンゴムシ、ムカデやヤスデなど小型の動物、細菌やキノコ、カビ、原生生物など、ひじょうに小さな生物まで、さまざまな種類がいます。このなかには、土をたがやしたり、動物の死がいやかれた植物を土にもどすはたらきのたすけをしているものが、たくさんいます。人間の活動による自然の変化の影響をうけやすく、その場所にすんでいる種類数がへったり、すむ種類が入れかわったりします。

腐葉土（腐植土） 落ち葉やかれ枝、くちた木などがつみかさなったものが、生物のはたらきでくさったり、細かくなったりして、土のようになったもの。いろいろな昆虫の幼虫やダンゴムシの食べ物になっています。また、土に栄養をあたえる天然の肥料のやくわりや、土にすき間をつくり、かたくなりにくくするやくわりももっています。

NDC 485
皆越ようせい
科学のアルバム・かがやくいのち2

ダンゴムシ
落ち葉の下の生き物

あかね書房 2021
64P 29cm×22cm

- ■監修　　岡島秀治（東京農業大学農学部教授）
- ■写真　　皆越ようせい
- ■文　　　大木邦彦（企画室トリトン）
- ■編集協力　企画室トリトン（大木邦彦・堤雅子）
- ■写真協力　㈱アマナイメージズ
  - p15 下　今森光彦
  - p17 下　Paulo de Oliveira／Oxford Scientific
  - p60 上2点　Mark Payne-Gill／Nature Picture Library
  - p60 下2点　立松光好
  - p61 上2点　立松光好
- ■イラスト　小堀文彦
- ■デザイン　イシクラ事務所（石倉昌樹・隈部瑠依）
- ■資料協力　布村 昇（元・富山市科学博物館館長）
- ■参考文献
  - ・森山 徹, Vladimir Riabov, 右田正夫（2005）．オカダンゴムシにおける状況に応じた行動の発現．認知科学, 12, 188-206.
  - ・松良俊明（2009）．ダンゴムシの葉の選択性を調べるための実験と観察．京都教育大学環境教育研究年報, 17, 97-105.
  - ・武田直邦（2007），陸に住む甲殻類の集合現象―フェロモンによる陸上移住戦略を読む―，中央大学教養講座番組『知の回廊』受講ホームページ
  - ・『日本産土壌動物―分類のための図解検索』（1999），青木淳一編著，東海大学出版会
  - ・『土の中の生きもの―観察と飼育のしかた』（1995），青木淳一・渡辺弘之監修，築地書館
  - ・『ダンゴムシ・ワラジムシガイドブック 野外へでてみつけてみよう』（2004），ミュージアムパーク茨城県自然博物館・独立行政法人国立科学博物館
  - ・『だれでもできるやさしい土壌動物のしらべかた 採集・標本・分類の基礎知識』（2005），青木淳一著，合同出版

科学のアルバム・かがやくいのち 2
ダンゴムシ 落ち葉の下の生き物

2010年3月初版　2021年11月第5刷

- 著者　　皆越ようせい
- 発行者　岡本光晴
- 発行所　株式会社 あかね書房
  〒101-0065　東京都千代田区西神田3-2-1
  03-3263-0641（営業）　03-3263-0644（編集）
  https://www.akaneshobo.co.jp
- 印刷所　株式会社 精興社
- 製本所　株式会社 難波製本

©Nature Production, Kunihiko Ohki.2010　Printed in Japan
ISBN978-4-251-06702-9
定価は裏表紙に表示してあります。
落丁本，乱丁本はおとりかえいたします。